Bibliografische Information der Deutschen Nationalbibliothek:

Die Deutsche Bibliothek verzeichnet diese Publikation in der Deutschen Nationalbibliografie; detaillierte bibliografische Daten sind im Internet über http://dnb.d-nb.de/ abrufbar.

Impressum:

Druck und Bindung: Books on Demand GmbH, Norderstedt Germany
ISBN: 9783638844642

Dieses Buch bei GRIN:

http://www.grin.com/de/e-book/70898/das-klima-der-alpen

Steffen Kruppa

Das Klima der Alpen

GRIN Verlag

GRIN - Your knowledge has value

Der GRIN Verlag publiziert seit 1998 wissenschaftliche Arbeiten von Studenten, Hochschullehrern und anderen Akademikern als eBook und gedrucktes Buch. Die Verlagswebsite www.grin.com ist die ideale Plattform zur Veröffentlichung von Hausarbeiten, Abschlussarbeiten, wissenschaftlichen Aufsätzen, Dissertationen und Fachbüchern.

Besuchen Sie uns im Internet:

http://www.grin.com/

http://www.facebook.com/grincom

http://www.twitter.com/grin_com

Universität Augsburg

MS "Witterung und Klima in Europa"

11. Dezember 2002

Witterung und Klima im Alpenraum

Steffen Kruppa

Seminararbeit

Inhaltsverzeichnis

1. Einleitung

Die Alpen sind das höchste Gebirge Europas. Sie sind vor rund 100 Mio. Jahren durch einen immer noch nicht abgeschlossenen Kollisionsprozess zwischen der afrikanischen und der europäischen Platte entstanden. Noch heute heben sich die Zentralalpen um ca. 1 mm pro Jahr. Die Alpen befinden sich zwischen 44° und 48° nördlicher Breite und zwischen 6° und 16° östlicher Länge. Insgesamt erstreckt sich dieses Gebirge über eine Fläche von 181500 km² von ihrem Westrand am Golf von Genua bis zu ihrem Ostrand nahe der Ungarischen Tiefebene, haben die Alpen eine Länge von 1200 km. Im Westen ist der Gebirgszug der Alpen gekrümmt und mit 150 km Breite ziemlich schmal. Dennoch befinden sich hier mit dem Mont Blanc (4807 m) und dem Monte Rosa (4634 m) die höchste Gipfel Europas. Nach Osten wird das Gebirge breiter und erreicht in Tirol seine größte Ausdehnung mit 250 km. Jedoch ist in diesem Teil der Alpen die durchschnittliche Höhe der Berggipfel niedriger als sie es im Westteil ist. Die Grenzlinie zwischen den West- und den Ostalpen wird im Groben entlang der Linie vom Bodensee durch das Rheintal bis zum Como See gezogen. Insgesamt sind die Alpen stark von der „ Gliederung in Becken und Täler bis hin zur Größenordnung ganzer Landschaften wie etwa Kärnten und dem Wallis“ (Weischet, 2000, 78) bestimmt. Heute leben in den Alpen etwa 11 Mio. Menschen in ungefähr 6000 Gemeinden und verteilt über die Staatsgebiete von Frankreich, Italien, der Schweiz, Liechtenstein, Österreich, Deutschland und Slowenien. Daran lässt sich erkennen, dass die Alpen keinen Raum mit einer einheitlichen Kultur verkörperen. Nicht nur in kultureller, sondern auch in klimatologischer Sicht bedürfen die Alpen einer Untergliederung. Da dieses Gebirge im „Übergangsbereich zwischen dem Atlantischen Ozean, dem Mittelmeer und der großen europäischen Landmasse“ (Wanner, 2000, 31) liegt , führt das zu einer notwendigen Unterscheidung der Alpen in mehrere Klimaräume.

2. Geländeklimatologische Aspekte

Die starke Reliefierung der Alpen führt dazu, dass zahlreiche geländeklimatologische Aspekte eine wesentliche Rolle für die Besiedlung und Bewirtschaftung dieses Hochgebirgsraums spielen. Die dem Boden durch Sonnenstrahlen zugestrahlte Energie wird von diesem an die darüberliegende Luftschichten weitergegeben und führt demnach auch zu einer Erwärmung der Luft. Je höher man sich im Gebirge befindet umso dünner wird die Luft. Dünne Luft kann weniger langwellige Strahlung absorbieren und kann daher nicht so viel Wärme aufnehmen wie die Luft im Flachland. Dies ist ein wesentlicher Grund für die Abnahme der Temperatur mit steigender Höhe. In den Alpen nehmen die Jahresdurchschnittstemperaturen mit 100 m Höhenzunahme um 0,5 bis 0,8℃ ab. Das bedeutet, dass die jährliche Durchschnittstemperatur vom Alpenvorland mit 8-9℃ auf 0℃ in 2000 m Höhe sinkt. Dieses Temperaturgefälle dreht sich im Winter häufig um. Die oben gelegene kalte Luft fließt von den Hängen in die Täler und Becken hinab. Dort entstehen so genannte Kaltluftseen, in denen Temperaturminimas von bis zu –35℃ erreicht werden (z. B. Klagenfurter Becken). Diese Anhäufung von Kaltluft wird durch einen nach oben begrenzten Bodennebel sichtbar. Deswegen treten in den Kaltluftsammelgebieten auch eine besonders große Zahl an Nebeltagen, v. a. im Herbst und Winter, auf. Allerdings besteht auch im Frühjahr noch die Gefahr von Nachtfrost in den Tälern. Selbst im Sommer können nach Sonnenuntergang Temperaturen von unter 8℃ erreicht werden.

Die einzigen in den Alpen ackerbaulich nutzbaren Flächen befinden sich in Tälern mit West- Ost- Erstreckung auf deren südexponierten Hängen und Terrassen, insofern die Hangneigung nicht zu steil ist. Diese Südhänge sind außerdem auf Grund der längeren Sonnenbestrahlung im Vergleich mit den Talböden für die Bewirtschaftung von größeren Vorteil. Die im Schatten der Sonne gelegenen Nordhänge sind dagegen meist von Nadelwäldern bedeckt und eignen sich v. a. für die Nutzung für den Wintersporttourismus. Steht die Sonne, gerade im Hochwinter, nur niedrig über dem Horizont, sind tief eingeschnittene Täler „mehrere Wochen ohne direkte Bestrahlung und erhalten nur ¾ der normalen direkten Zustrahlung“ (Weischet, 2000, 79).

Diese für alle Hochgebirge geltenden Klimaregeln werden vom örtlichen Relief so stark beeinflusst, dass sich dabei regionale Klimaeigenheiten wie die sog. Lokalwinde entwickeln können. Zu diesen Lokalwinden gehören der Tal- und der Bergwind, deren Wechsel man als Lokalwindzirkulaton bezeichnet. Der oft bis in den Vormittag anhaltende Bergwind, entsteht durch kalte, während der Nacht in die Täler abfließende Luftschichten. Darauf folgt der Talwind, der aus erwärmten und somit aufsteigenden Luftmassen der Täler besteht. Talwinde bringen daher oft verschmutzte Luft, aus Ballungsräumen am Alpenrand, ins Gebirge, die Bergwinde hingegen sorgen für den Transport sauberer Bergluft ins Flachland. Ein bekanntes Beispiel für eine solche Lokalwindzirkulaton bilden die Winde Ora (= Talwind) und Sover (= Bergwind) am Gardasee. Aufgrund dieser Winde ist dieser oberitalienische See auch unter Surfern sehr beliebt.

Wegen ihrer Lage im Westwindgürtel der Nordhalbkugel, unterliegen die Alpen einem häufigen Wechsel von Hoch- und Tiefdruckgebieten. Die auf das Gebirge treffenden atlantischen Luftmassen werden hier zum Aufsteigen gezwungen. Dabei werden diese Luftmassen abgekühlt, kondensieren zu Wolken und regnen schließlich ab. Dies führt v. a. an der windzugewandten Luv- Seite zu hohen Niederschlägen, während die windabgewandte Lee- Seite im Regenschatten liegt und deshalb deutlich weniger Niederschläge verzeichnet.

Eine weitere klimatische Besonderheit der Alpen stellt der Föhn- Wind dar. Der Föhn ist ein sehr warmer und trockener Fallwind, der Wolkenauflösung herbeiführt und meist im Herbst oder Frühling auftritt. Dabei wird zwischen dem an der Alpensüdseite auftretenden Nordföhn und dem an der Alpennordseite auftretenden Südföhn unterschieden. Weitere im Alpenraum auftretende Starkwindlagen sind die Bise, der Mistral und die Bora, die folgendermaßen entstehen. Zu Beginn nähert sich eine Zyklone mit einer Kaltluftfront von Norden her den Alpen, was zu einem leichten Südföhn führt. Nähert sich nun diese Kaltfront dem Gebirge, wird sie verformt und schiebt sich in einzelne Alpentäler vor. Die nachströmende Kaltluft hat nicht mehr genug Energie um die Alpen zu überströmen.

Darum kommt es zu einem Aufteilen der Kaltluft, die nun die Alpen sowohl im Westen als auch im Osten umfließt. Dabei entstehen im Bereich des Rhone- Tals der Mistral, zwischen Alpen und Schweizer Jura die Bise und zwischen Alpen und Dinaren die Bora. Die Kaltluftfront schiebt sich nur mühsam über die Alpen und stellt erst über der Poebene wieder ein einheitliches Gebilde dar.

Schematische Darstellung der dynamischen Vorgänge bei einem alpinen Kaltfrontdurchgang

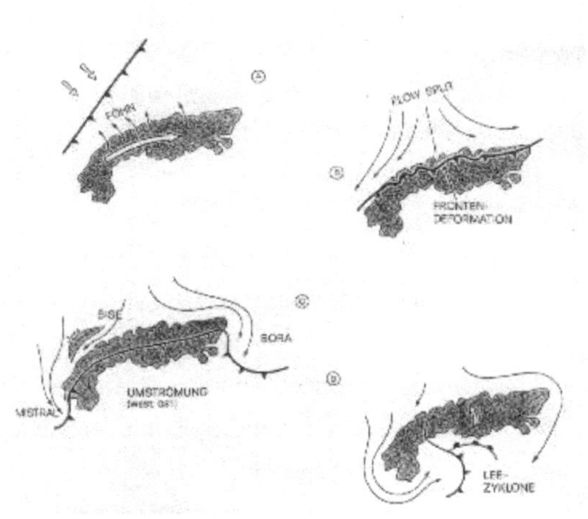

(Quelle: Wanner, 2000, 33)

3. Jahreszeitlicher Witterungsgang

Die Witterung im Winter wird mit atlantischer Warmluftadvektion im Nordteil und „Kaltluftadvektion im Süd- und Südostteil Europas verbunden“ (Weischet, 2000, 82). Zu dieser Jahreszeit sind hauptsächlich die nördlichen und nordöstlichen Alpenränder beregnet, hingegen bleiben die innenalpinen Täler weitgehend trocken (z. B. Piemont, Oberkärnten). Die Nordalpen werden hauptsächlich von den Nordwestlagen, jedoch zu einem kleineren Teil auch von den Südostlagen mit Niederschlägen versorgt. Die Südalpen erhalten wegen der unsicheren Tiefdruckentwicklung im Mittelmeerbereich eine schwankende Menge an Niederschlägen. Sowohl in Nord- Süd als auch in West- Ost- Richtung kann im Winter ein ausgeprägter Rückgang der Niederschlagsmenge festgestellt werden. Auch die stabilen Hochdrucklagen sind ein Charakteristikum für den alpinen Winter. Einen Hinweis darauf gibt die Tatsache, dass der Anteil an maximal möglicher Sonnenscheindauer in den Hochtälern (z. B. Lienz mit 42%) größer ist als im Vorlandbereich (z. B. Linz mit 18%). Auf Grund von Ausstrahlungsnächten können die Temperaturen in diesen Hochtälern sehr weit sinken. Orte, wie Lugano, die sich an Alpenrandseen befinden, erhalten dank der Ausgleichswirkung des Wassers eine Frostabmilderung. Dies wird besonders deutlich, wenn man sich einen Vergleich der nahezu gleichhoch gelegenen Städte Lugano und Bozen anschaut.

Temperaturvergleich Bozen und Lugano

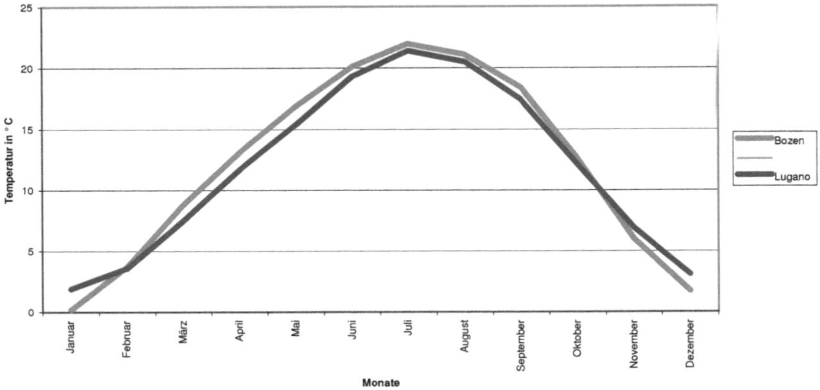

(Datenquelle: Müller, 1980)

Im Frühjahr setzt meist eine Meridionalzirkulation ein. Deshalb befinden sich die Gebiete mit den meisten Frühjahrsniederschlägen am Nord- und Südrand der Alpen. Zu beachten ist hier allerdings, dass es im Norden mehr Tage mit Niederschlag gibt, während im Süden die Niederschlagsintensität höher ist, bei annähernd gleich hohen Regensummen. Allerdings sind zu dieser Jahreszeit die Nordwestlagen noch nicht so wirksam wie sie es im Sommer sind. Die Ostlagen führen dagegen im „Frühling vor allem im Süden zu hohen Tagessummen der Niederschlags" (Kerscher, 1989, 103). Typisch für die Witterung im Frühjahr ist das Einsetzen von Aprilwetter mit Nordstau und vielen Schauern am Alpenrand. Auch der Föhn erreicht im Frühling seine Hauptzeit wegen des durch die Meridionalzirkulation auftretenden Südstaus. Innsbruck kommt es z. B. an 22% aller Tage zu Föhn.

Im Sommer kommt es zu einer Kaltluftadvektion mit dem Strömen maritim- polarer Luft auf die Alpen. Dieses Phänomen wird auch als Europäischer Sommermonsum bezeichnet, das im Juli in den Nordalpen sein Maximum erreicht. Zusätzlich kommt es zu einer Advektion maritimer Tropikluft, was im gesamten Alpengebiet zum Ansteigen der Regenmengen führt. Südlagen führen v. a. im südlichen und westlichen Alpengebiet zu hohen Niederschlagstagessummen. Südwestlagen sorgen sowohl im Norden wie im Süden zu einer in etwa gleichgroßen Niederschlagsbereitschaft, die nach Osten hin abnimmt. Auf der anderen Seite klingt die Wetterwirksamkeit der Westlagen, genau wie im Winter nach Osten hin und von Norden nach Süden ab. Ostlagen können dagegen im gesamten Alpenraum hohe Niederschlagstagessummen begründen. V. a. in den österreichischen Alpen ist der Sommer in den meisten Jahren die feuchteste Jahreszeit. Auf Grund dieser Wetterlagen steigt nun auch die Bewölkung in den Bergen deutlich an. Daher kommt es auch, dass die Sonnenscheindauer im Vorland höhere Werte annimmt als im Alpenraum selbst. Auch die Gewitterhäufigkeit steigt mit „22% aller Tage im Sommer" (Weischet, 2000, 85) in Innsbruck auf ihr Maximum und die Lokalwindzirkulation ist, wegen der hohen Einstrahlung, am ausgeprägtesten. Im Gebirge sind meist die Gipfel wolkenbehangen und die Täler relativ wolkenarm. Das kann gerade in Talbereichen zu einer hohen Anzahl an Hitzetagen führen (z. B. Bozen mit 31,8 Tagen über 30°C Tagesmaximum). An den Uferregionen der Alpenrandseen tritt wie bereits in Winter eine Mäßigung der Temperaturen ein, deshalb bezeichnet man das Klima in diesen Bereichen auch als Schonklima (vgl. „Temperaturvergleich Bozen- Lugano" S. 7).

Der Herbst zeichnet sich durch eine meist ruhige Wetterlage aus. Dies liegt an der häufig zu dieser Zeit auftretenden Hochdruckbrücke, die sich vom Atlantik über die Alpen bis zu den Karpaten erstreckt. Damit verbunden ist das im September auftretende Phänomen des Altweibersommers, das sich durch eine fast komplette Windstille, die wegen der Blockade der Westwinde durch die Hochdruckbrücke besteht, kennzeichnet. Im Herbst kommt es daher wieder zu einer Abnahme der Gewitterhäufigkeit und zu einem Anstieg an heiteren Tagen in den Bergen. In dieser Jahreszeit entwickelt sich erneut eine Warmluftadvektion vom Atlantik sowie eine meridionale Zirkulation. Die daraus resultierenden Südstaulagen führen zu einem weiteren Maximum des Föhns, der an 17% aller Herbsttage in Innsbruck auftritt. Die Nordwestlagen sind im Herbst dagegen weniger niederschlagswirksam.

4. Klimaprovinzen der Alpen

Wie schon kurz angesprochen liegen die Alpen sowohl im Einflussbereich zwischen atlantischen, kontinentalen und maritimen Klima. Aufgrund der West- Ost- Erstreckung des Alpenhauptkamms, stellt dieses Klima im Wesentlichen eine Klima- und Wetterscheide zwischen Nord- und Südeuropa dar. Jedoch vollzieht sich von Westen nach Osten auch ein Wandel vom atlantisch zu kontinental beeinflussten Gebiet.

Nord-Süd- und West-Ost-Wandel der Temperaturen
(Wirkliche Temperaturen; abgerundet; nur Talbereiche)

	Westen			Mitte			Osten		
	Jan	**Jul**	**Amp**	**Jan**	**Jul**	**Amp**	**Jan**	**Jul**	**Amp**
Alpensaum Nord	+1,0	19,0	20	- 2,5	18	20,5	-1,5	20,0	21,5
	(Genf)			(Salzburg)			(Wien)		
Nördlich des Hauptkamms	+1,5	18,5	20	-4,0	18	22,0	-5,0	16,0	21,0
	(Grenoble)			(Innsbruck)			(Trieben)		
Südlich des Hauptkamms	0,5	19,5	20	0,0	22,0	22,0	-5,0	16,0	24,0
	(Aosta)			(Bozen)			(Klagenfurt)		
Alpensaum Süd bzw. südl. Frz. Alpen	2,0	18,0	20	2,0	24,0	22,0	-1,0	20,0	21,0
	(Sisteron)			(Bergamo)			(Laibach)		

(Quelle: Birkenhauer, 1980, 181)

Daraus erhält man nun die separat zu betrachtenden Klimaräume der West-, Ost-, Süd- und Nordalpen. Daneben sind allerdings auch die inneralpinen Gebirgszüge und Täler zu betrachten.

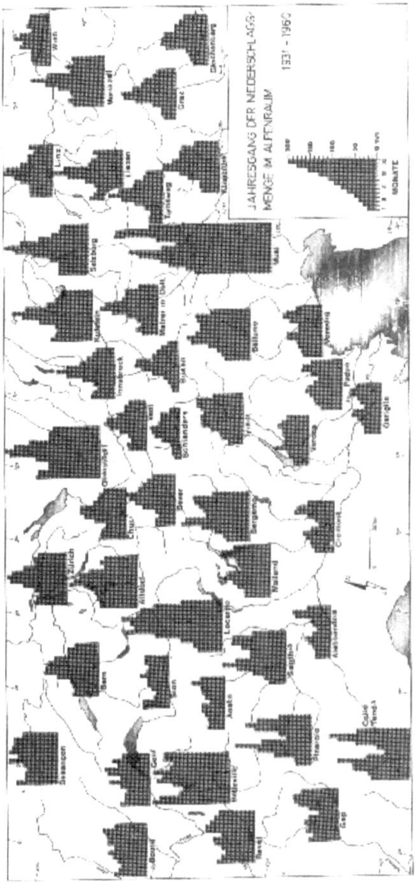

Übersicht der Niederschlagsverteilung in den Alpen (Periode 1931 – 1960)

4.1 Westalpen

Die Westalpen befinden sich auf Grund der Nord- Süd- Erstreckung quer zur Streichrichtung der Westwinde. Im nördlichen Teil der Französischen Alpen ist daher der Außenrand stark beregnet. In diesem Gebiet ist daher der Sommer die Jahreszeit mit den meisten Niederschlägen. Dennoch lässt sich in Juli ein schwaches Niederschlagsminimum, beispielsweise für Genf mit nur 7 Regentagen, beobachten. Dies ist auf die Nähe dieses Gebiets zum Azorenhoch und das bereits einfließende mediterrane Klima zurückzuführen. Die südlich Westalpen, mit den Seealpen und den Provenzialischen Alpen, haben dagegen schon ein mediterranes Klima geprägt von ausgesprochenen Herbst- und Winterregengebieten und einem Niederschlagsminimum im Sommer (vgl. Klimadiagramm von Nizza).

Klimadiagramm von Nizza

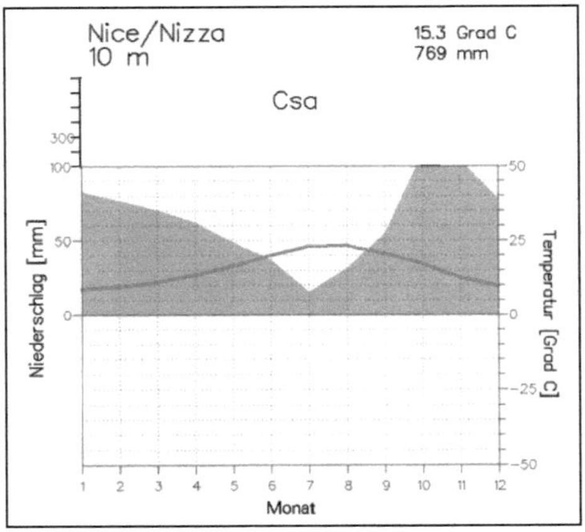

(Quelle: www.klimadiagramme.de)

Die Sommerniederschläge nehmen nach Süden allerdings kontinuierlich ab. Des Weiteren vollzieht sich eine Abnahme der Jahresniederschlagsmengen von den Außenrändern der Westalpen nach innen hin. Die zentralalpinen Becken und Täler, die sich im Lee- Bereich befinden, sind dementsprechend trocken. Das Wallis ist, mit nur 572 mm Jahresniederschlag in Sion, eines dieser Täler mit ganzjährig hoher Trockenheit.

4.2 Nordalpen

Da die Nordwest- und die Westlagen zu allen Jahreszeiten einen Einfluss auf den Alpennordrand haben, ist dort die Variabilität des Niederschlags gering. Der Sommer weist allerdings wegen des Europäischen Sommermonsums ein Niederschlagsmaximum auf. Der nördlich Alpenrand liegt demnach häufig im Luv- Gebiet, was dort zu Staueffekten führt. Diese Staueffekte sind bereits weit im Alpenvorland spürbar und nehmen in ihrer Niederschlagsergiebigkeit bis zum Alpenrand zu. Beträgt die jährliche Niederschlagssumme in Augsburg 780 mm, steigt sie bereits in Kempten auf 1287 mm an. An den Gipfeln und in nach Norden ausgerichteten Tälern nimmt die Niederschlagsmenge, wie z. B. in Oberstdorf mit 1802 mm, nochmals zu. Wie bereits kurz angesprochen, können auch Südost- und Südwestlagen Einfluss auf die Niederschläge in den Nordalpen haben. Trotz ihrer Lage am Alpennordrand weisen die Stationen im Schweizer Mittelland im Vergleich zum deutschen und österreichischen Alpenrandstationen eine geringere Niederschlagsmenge auf (z. B. Zürich mit nur 1020 mm Jahresniederschlag). Diese relative Trockenheit ist auf die Lage im Regenschatten des Schweizer Juras zurückzuführen. Eine weitere typische Erscheinung im Gebiet der Nordalpen stellt der häufig auftretende Föhn dar.

Klimadiagramm von Zürich-Kloten

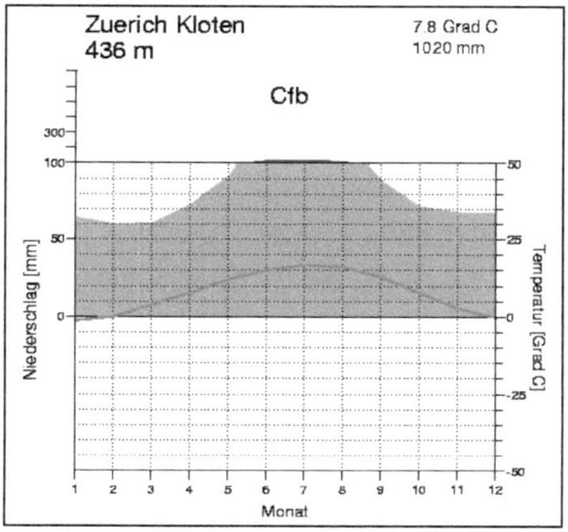

Klimadiagramm von Oberstdorf

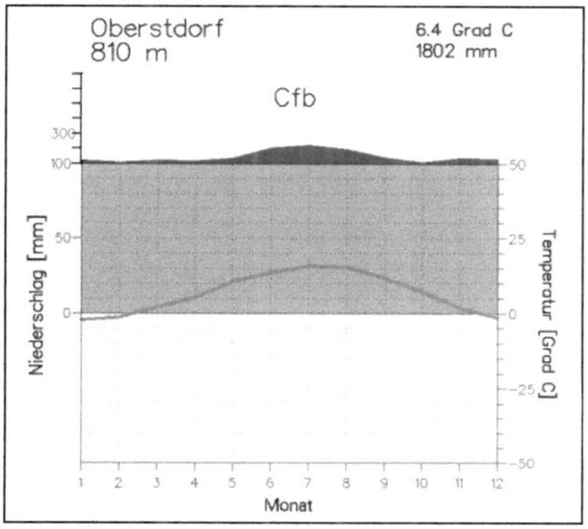

(Quelle: www.klimadiagramme.de)

4.3 Südalpen

Die Alpensüdseite erhält von Norden kommende polar- maritime Kaltluftvorstöße „nur noch in stark abgeschwächter und föhniger Form“ (Weischet, 2000, 90). Dies bedeuted für die Südalpen einen wesentlich geringeren Bewölkungsgrad und damit eine höhere durchschnittliche Jahrestemperatur um ca. 2°C als auf der Nordseite. Da auch die Temperaturminimas im Winter nicht stark ausgeprägt sind, findet man auf der Alpensüdseite ein deutlich milderes Klima vor.

Klimadiagramm von Bozen

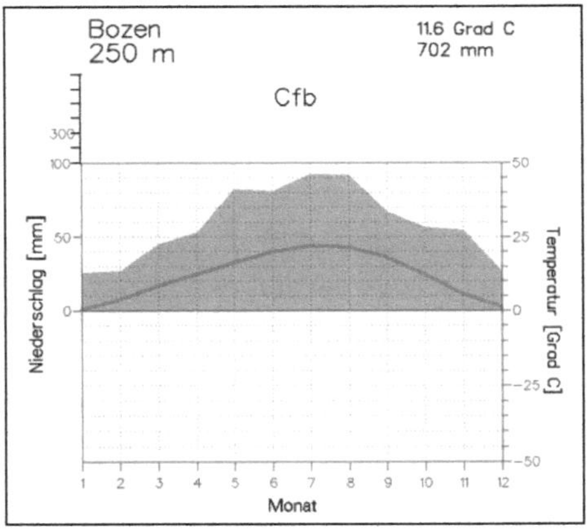

(Quelle: www.klimadiagramme.de)

Von dieser Milde sind, wie schon erwähnt, die Seeufern der oberitalienischen Seen, noch mehr begünstigt. Die Jahresdurchschnittstemperatur liegt am Gardasee deshalb auch um 2- 3°C höher als in der Poebene. Wegen der meridionalen Zirkulation kommt es in den Südalpen, v. a. im Herbst und Frühjahr, zu Südstau. Das bedeutet, dass die Südalpen im Luv- Bereich liegen. Diese Südlagen können allerdings auch in den Nordalpen noch für Regen sorgen. Trotz einer ähnlich hohen Niederschlagsmenge wie auf der Nordseite unterscheidet sich die Intensität der Niederschläge erheblich. Fallen in Zürich 1020 mm an 134 Tagen, sind es in Lugano an 107 Tagen 1733 mm. Das zeigt auf, dass die Intensität der Niederschläge, auf Grund von häufigen Starkniederschlägen, im Südalpenraum wesentlich höher ist als im Norden.

4.4 Ostalpen

Das Gebiet der Ostalpen unterliegt, wegen der dort festgestellten hohen Sommer- und niedrigen Wintertemperaturen, schon einem starken kontinentalen Einfluss. Auch hier nimmt die Niederschlagsmenge vom Vorland auf die Alpen hin zu. Die ostalpinen Beckengebiete und Täler sind dagegen durch eine geringe Regenmenge gekennzeichnet (z. B. Klagenfurt mit 926 mm Jahresniederschlag). Da sich in diesen Becken nachts oft Kaltluftseen entwickeln, sind diese Regionen im Sommer von häufigen Gewittern betroffen. Im Bereich der Julischen Alpen erhält man extrem hohe Niederschlagsmengen. Die zu jeder Jahreszeit relativ hohen Regenmengen sind durch Tiefdruckgebiete zu erklären, die von Westen her kommend die Alpen in Richtung Nordosten passieren wollen. Stauen sich diese Tiefdrucklagen über den Julischen Alpen führen sie dort deshalb zu diesen hohen Mengen an Niederschlägen (z. B. Ljubljana mit 1398 mm, obwohl es etwas östlich der Julischen Alpen liegt).

Klimadiagramm von Ljubljana

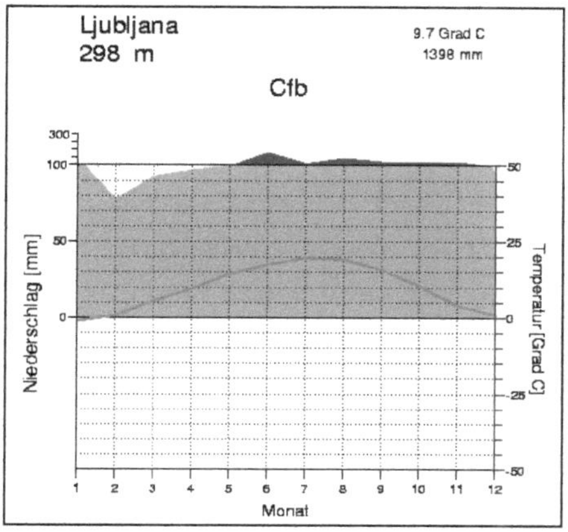

(Quelle: www.klimadiagramme.de)

4.5 Alpine Innenzone

Die Berge des Alpenhauptkamms sind den niederschlagsbringenden Lagen frei ausgesetzt. Jedoch haben die meisten dieser Luftmassen bereits an den Randbereichen an Niederschlag verloren. Besonders bei meridionaler Zirkulation wird der Alpeninnenraum von Föhn heimgesucht. Insgesamt kann ein Ansteigen der Temperatur mit der größeren Innenlage beobachtet werden, deshalb erreichen die inneralpinen Talböden auch hohe Temperaturmaximas. Da sich diese Bergtäler in Leegebieten der hohen Gebirgszüge befinden, erhalten sie einen hohen Grad an Sonneneinstrahlung, während die Gipfel meist bewölkt sind. Denn „im Lee kommt es stets zu verminderter Wolkenbildung, zu Aufheiterung, damit zu einer längeren Sonnenscheindauer, daher zu vermehrter Sonneneinstrahlung mit Erwärmung und höheren Temperaturen" (Birkenhauer, 1980, 183). Deshalb sind die inneralpinen Täler auch vor Niederschlägen geschützt. Zu diesen trockenen Tälern gehören z. B. das Vinschgau mit 604 mm an der Station Reschen und das Wallis mit 572 mm Niederschlag pro Jahr an der Station Sion.

Klimadiagramm von Sion

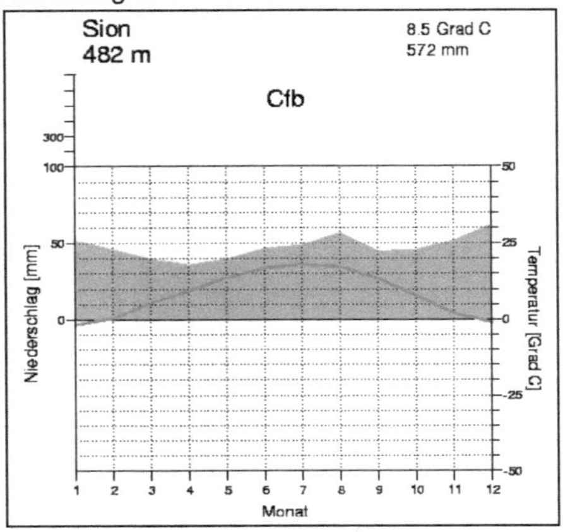

(Quelle: www.klimadiagramme.de)

5. Schluss

Die Verteilung des Niederschlags kann im Alpenraum bereits innerhalb geringer Entfernungen stark variieren. Durch den Luv- und Lee- Effekt befinden sich die warmen, trockenen Gebiete stets im Inneren und die feuchten, kühlen Gebiete an den Außenrändern.

Niederschlagsverteilung in den Alpen

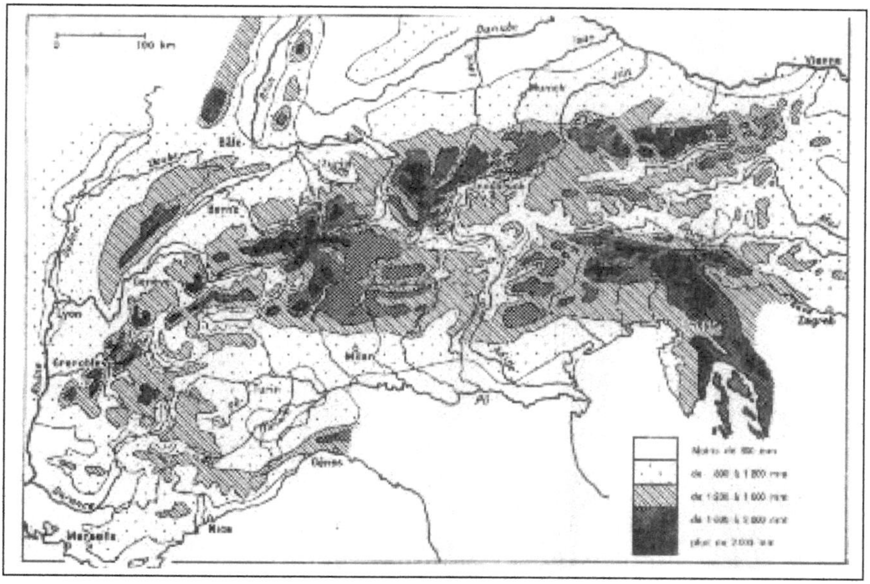

(Quelle: Bätzing, 1997, 139)

Die feuchten auf die Alpen stoßenden Winde werden demnach an den Alpenrändern „zum Aufsteigen und Abregnen“ (Bätzing, 1997, 138) gezwungen. Innerhalb der West- Ost- Erstreckung der Alpen ergibt sich ebenfalls ein Wandel. „Während im Osten und im Zentralraum der kontinentale Typ mit Sommerregen und Wintertrockenheit vorherrscht, ist am nördlichen Alpenrand und gegen Westen zunehmend ein zweites Maximum im Winter sichtbar“ (Fliri, 1984, 10).

Die westlichen Alpen sind demnach stärker ozeanisch beeinflusst. Außerdem bilden die Alpen eine Grenze zwischen maritimen und mitteleuropäischen Klima. Im kühleren Norden verteilen sich die Niederschläge über das ganze Jahr mit einem deutlichen Sommermaximum. Im wärmeren mit maritimer Luft versorgten Süden fallen die Niederschläge v. a. im Herbst und Frühjahr als Starkniederschläge. D. h. hier gibt es weniger Regentage, welche jedoch eine weitaus höhere Intensität aufweisen. Mit Ausnahme von tiefen Talböden, vollzieht sich in diesem Gebirge auch ein Wandel der Klimasituation mit der Höhe. In den höheren Lagen sinkt die Temperatur im Jahresschnitt, die Sonneneinstrahlung steigt und die Niederschlagsmenge erhöht sich. Demzufolge kann innerhalb der Alpen ein mehrfacher Formenwandel des Kimas festgestellt werden.

Literaturverzeichnis

Bücher

Bätzing, W., 1997, Kleines Alpenlexikon - München

Birkenhauer, J., 1980, Die Alpen – Paderborn

Fliri, F., 1974, Niederschlag und Lufttemperatur im Alpenraum – Innsbruck

Kerscher, H., 1989, Beiträge zur synoptischen Klimatologie der Alpen zwischen Innsbruck und dem Alpenostrand – Innsbruck

Müller, M., 1980, Handbuch ausgewählter Klimastationen der Erde - Trier

Schröder, P., 2000, Die Klimate der Welt - Stuttgart

Wanner, H., 2000, Klimawandel im Schweizer Alpenraum - Zürich

Weischet, W./ Endlicher, W., 2000, Regionale Klimatologie Teil 2 Die Alte Welt Europa Afrika Asien – Leipzig

Wuethrich, R.,2001, Lebenswelt Alpen – Aarau

Internet

www.klimadiagramme.de